Fruit and vegetables dishes

in comfortable

Fruit and vegetables dishes

in comfortable

大家都愛的
蔬食料理

挑動你蔬食味蕾的飲食大計

自序

　　原本不吃素的老公，一直到某一天發現自己不敢接受牛排炸雞的味道之後，才發現我多年來在廚房裡的心機。原來我一直祕密研究如何讓他自然而然的習慣植物的味道，進而從此不思肉味。

　　老公這麼說過：「誰叫我只挑好不好吃而不在乎有沒有放肉！不過怎麼也能吃了這麼久的素？」他的味覺已變得更敏銳，肉食的氣味令他不舒服，但是他嘴裡一直不願承認自己成了素食者。

　　那時候我們住在美國，素食的我除了自己手做，實在沒有太多的外食選擇，可是也因為如此不方便，讓我甘願把課餘時間都消耗在廚房中，或是到處研究不認識的新食材或新食譜，就為了讓自己餐桌上的素食能夠簡單方便又有驚人的好味道。

　　因為地利之便，我便研究起超市中常見的蔬果來做西式料理，這樣才符合西式廚房無法大火快炒也無法抽出油煙的點，結果從此廚房乾淨無油煙，素西餐也不需太多的廚藝功夫就能端出豐盛的套餐。

　　朋友問我都煮些什麼讓老公竟然習慣吃素？我常常一時也說不清楚，這是一段長達數年的轉變，我也是經由這樣的「挑戰」讓自己出乎意外的成了朋友眼中會做飯的賢妻，其實當初要是遇上同是吃素的對象，我這懶骨頭一定無力為了吃一頓飯而如此煞費心機啊！

老公最早以前常說：「吃素還不就青菜豆腐？變化少又清淡，而且還很快餓，再怎麼樣都不比肉食來的香。」於是這成了我致力改變的目標，要他吃素吃得飽飽，吃的香，也能吃出蔬食的好味道。

我想，這些食譜很適合給尚未吃素的朋友作為一開始的好印象，使用的食材都很常見又普通，也非常適合在國外的素食朋友使用。因為含有蔥、蒜和少部分的蛋，所以在調味上一點都不輸肉食，希望藉此讓大家能慢慢減少肉類的攝取，讓植物來照顧大家未來的健康。另外也考量到許多不吃蔥、蒜、蛋的素食朋友，因此每道菜也都標出沒有五辛食材的做法，讓所有人都能享用西式的素套餐，讓素食蔬食成為未來引領風潮的新時尚。

趕快來手試試看！點上蠟燭、泡壺花茶再擺滿一桌子的幸福感受，這一餐一定也能豐盛又唯美浪漫，誰還能說吃素太單調呢？

王舒俞

目錄

餐前菜 &湯

有一陣子我很迷蔬菜湯，內容物一定有：洋蔥、胡蘿蔔、西洋芹、番茄和花椰菜。這五種蔬菜熬出的清湯讓我有一種吸收天地日月精華的滿足感，只要一點點鹽巴，連油都不必加，就當開水喝一整天。

　　在我連續狂喝了好幾鍋之後的某一天，因為輸了和老公打賭的某件事必須遭受他提出任何的處罰。我本想他會說出：全部家事一個月份，或自己坐車去上班之類的處罰時，他竟然不假思索地說：「從今天起半年內不可以再做那種蔬菜湯。」

　　我大叫著，這怎麼能是處罰？那明明是美味又兼具營養的好湯！

　　「再好喝也會膩好不好？」於是他拿著紅筆跑到客廳角落的月曆旁，翻到六個月後的同一天，大大的圈起之後寫著：蔬菜湯解禁日。相較於一個月家事之類的其他點子，這個「處罰」我接受。

　　於是我開始日夜期盼，一直到六個月後的某一天，老公經過廚房突然跳起來：「妳偷偷做蔬菜湯了喔！我聞出來了！」他馬上衝到月曆前，完全不記得這已是處罰期滿的月份。沒錯，而且今天就是他圈起來的這一天，他沒有特別註明要過完這一天才能煮，我早就算準了。

　　「太久沒喝所以好懷念，這個是慶祝半年來的第一鍋加料版！」我喜孜孜地說，完全不理會他瞪大的雙眼。

　　為了補足這六個月來損失的天地日月精華，我早就在冰箱裡悄悄地塞滿了這些蔬菜，誰叫管廚房的是我呢！

Appetizers & Soups

優格水果沙拉 （約2～3人份）

材料 Ingredients：

1. 當季新鮮水果（如：芭樂、橘子、奇異果、草莓等）洗淨，切成一口大小的塊狀
2. 市售原味優格一杯，約 100g
3. 果糖或砂糖 1 小匙
4. 檸檬汁、柳橙汁或鳳梨罐頭汁各 1 小匙
5. 開水約 20cc

作法 Methods：

1. 優格倒入空碗中，加入檸檬汁、柳橙汁、鳳梨罐頭汁、開水、砂糖後拌勻，再將優格醬淋在準備好的綜合水果上即可。

Appetizers & Soups

小筆記 Notes：

1. 可依自己的喜好調出比例不同的果汁再和原味優格混合，做出具個人特色的優格醬。蘋果汁、百香果汁、橘子汁等，也是不錯的選擇，前提是有酸味的果汁即可，有些果汁加入優格之後酸味會被掩蓋，可以加一點檸檬汁提味。
2. 這道沙拉吃起來很有飽足感，所以份量要少一些才不會只吃開胃菜就吃飽了。當然它也很適合當爽口的飯後水果點心。

豆乾絲生菜沙拉 （約 2～3 人份）

材料 Ingredients：

1. 豆乾兩塊，洗淨汆燙後切細絲
2. 萵苣數片，洗淨後剝成小片
3. 羅美 A 菜（俗稱大陸妹）數片，洗淨後剝成小片
4. 胡蘿蔔絲約 10g

醬汁材料 Ingredients：

1. 沙拉醬 3 大匙
2. 砂糖 1/2 小匙
3. 鹽少許
4. 鮮奶 1/2 大匙
5. 開水 1 大匙
6. 酸黃瓜碎末 2 小匙
7. 檸檬汁約半顆
8. 巴西里葉少許，乾燥或新鮮的皆可

作法 Methods：

1. 將豆乾絲、萵苣、羅美 A 菜和胡蘿蔔絲的水分瀝乾、混合。
2. 將醬汁材料混合均勻，攪拌至平滑無結塊的狀態，食用前將醬汁淋在生菜上即可。

小筆記 Notes：

1. 選擇市售的沙拉醬要含糖量越低、外觀越固態為最佳，調和的口感也較好。
2. 百貨公司的超市裡都有賣進口的醃製酸黃瓜，是絕佳的調醬材料，平常做漢堡或三明治時也用得到。如果買不到，也可以用開胃菜中的家常酸黃瓜切成細碎替代。
3. 沙拉醬調至帶點酸氣沾起生菜來才會好吃。

家常酸黃瓜（約2～3人份）

材料 *Ingredients*：
1. 小黃瓜 5 條
2. 小紅辣椒 1 根，洗淨，去蒂、去籽、切段
3. 鹽 1 大匙半
4. 砂糖 1/2 大匙
5. 白醋 3 大匙
6. 水 2 大匙

作法 *Methods*：
1. 小黃瓜洗淨之後，先縱向對半切成條狀，再切成約 1.5cm 左右的小塊狀，放入保鮮盒中撒上鹽巴拌勻，醃約二十至三十分鐘等待出水。
2. 先拿一塊小黃瓜洗淨鹽水，試吃醃製的鹹度，不夠鹹就再醃一會兒，之後以清水將所有小黃瓜洗淨，瀝乾水分。
3. 熱鍋，加 1 小匙的橄欖油後（分量外），將小黃瓜倒入鍋中，以中火拌炒，倒入除了辣椒之外的所有調味料，將小黃瓜炒至表面呈微黃。
4. 最後加入辣椒拌炒一下熄火，將所有小黃瓜和湯汁倒入保鮮盒中，待涼後放入冰箱靜置一夜即可。

小筆記 *Notes*：
1. 醃製時間的長短要考量切塊的厚薄，大塊的口感較佳，但是醃的時間也要加長。
2. 剛做好就可以吃，但多放一夜會更加入味。

Appetizers & Soups

蔬菜炒醃豆腐 (約2～3人份)

材料 *Ingredients*：

1. 板豆腐 1 塊，約重 150g，洗淨後切丁
2. 荷蘭豆 30g，洗淨後去外皮兩側的纖維
3. 鮮香菇 2 朵，洗淨後切片
4. 胡蘿蔔洗淨後切薄片約 5 ～ 6 片
5. 玉米筍 4 ～ 5 支，洗淨後切條狀
6. 大蒜 2 瓣，切末
7. 洋蔥 30g，切細絲
8. 醬油 1 大匙
9. 水 1 大匙
10. 五香粉少許

作法 *Methods*：

1. 板豆腐切丁，先泡入醬汁（醬油和水各 1 大匙）中，並將其他的材料切好。
2. 熱鍋，以 1 大匙的油將洋蔥絲和大蒜末爆香，依序加入香菇、胡蘿蔔、玉米筍和荷蘭豆炒拌。
3. 最後加入瀝乾醬汁的板豆腐，撒上適量鹽巴和五香粉調味即可。

小筆記 *Notes*：

五香粉可依個人喜好酌量使用。

給不吃蔥、蒜、蛋的素食朋友：可以用少量薑絲取代材料中的蔥、蒜。

Appetizers & Soups

奶香四季豆（約2～3人份）

材料 Ingredients：

1. 四季豆 150g，洗淨後切段，汆燙
2. 大蒜 4 瓣，切末
3. 奶油 20g
4. 麵粉 1 大匙
5. 蘑菇 3 ～ 4 朵，洗淨後切片
6. 水 1/2 飯碗，約 100cc
7. 鮮奶 1/2 飯碗，約 100cc
8. 黑胡椒粉或黑芝麻適量

作法 Methods：

1. 熱鍋將奶油融化後，加入蒜末，以中小火炒香，小心燒焦，之後再加入麵粉拌炒至香味飄出。
2. 加入 1/2 碗水，轉小火，將麵粉攪拌至濃稠狀。
3. 加入 1/2 碗的鮮奶拌勻，再加入蘑菇片和少許鹽（分量外）調味，以中小火煮約三分鐘。
4. 最後加入汆燙過的四季豆煮片刻，撒上黑芝麻即可熄火上桌。

小筆記 Notes：

汆燙四季豆時可在水中加些鹽巴，幫助四季豆入味。

給不吃蔥、蒜、蛋的素食朋友：直接用奶油炒香蘑菇片再加入麵粉即可。

香煎杏鮑菇（約 2 ～ 3 人份）

材料 *Ingredients*：

1. 杏鮑菇約 3 ～ 4 支，洗淨後切成厚度平均的片狀
2. 碎芹菜葉或巴西利葉少許

作法 *Methods*：

1. 用少許橄欖油，以中火乾煎杏鮑菇片至兩面都呈金黃色。杏鮑菇本身就含有水分，不需另外加水。
2. 撒上鹽和黑胡椒粉（分量外）及碎芹菜葉即可食用。

小筆記 *Notes*：

杏鮑菇口感細嫩又有咬勁，乾煎最能吃出自然的鮮甜。

蔬菜高湯（約 2～3 人份）

材料 Ingredients：

1. 中型洋蔥 1 個，切塊
2. 胡蘿蔔 1 根，去皮洗淨切數段
3. 西洋芹 4 支，洗淨切數段
4. 高麗菜 1/5 顆，洗淨撕成小片
5. 綠花椰菜莖一支，洗淨切段不必去皮
6. 大蒜 2 瓣
7. 月桂葉 3 片
8. 橄欖油 2 大匙
9. 水 2500cc

作法 Methods：

熱鍋，放入橄欖油，以中火炒香洋蔥後，把其餘所有材料全部加入隨意拌炒，接著倒入水，把材料蓋滿後，以大火煮開，續轉中火煮約四十至五十分鐘即可。

小筆記 Notes：

1. 高湯的味道非常甘美，趁熱食用就是道好湯，但因蔬菜的甜味已溶入湯汁，所以蔬菜本身口感較差。
2. 放涼後要將湯汁與菜渣分離，因為湯汁容易壞，要儘快放入冰箱，或分裝成小袋放入冷凍庫，儲放時間可以更久。
3. 一般放在冷藏室的高湯約可保鮮 4～5 天。

   給不吃蔥、蒜、蛋的素食朋友：此道湯去掉洋蔥和大蒜之後，其他材料份量要多一些，鮮味一樣好。

Appetizers & Soups

香料蒸蛋湯（約1人份）

材料 Ingredients：

1. 蛋 1 個
2. 高湯 200cc
3. 里香少許
4. 小茴香少許
5. 紅椒末 1/2 小匙，洗淨
6. 青椒末 1/2 小匙，洗淨
7. 鹽少許

作法 Methods：

1. 先將蛋打散，加入所需的高湯攪拌均勻，接著加入其餘所有材料，撒上鹽調味，去掉表面的浮泡。
2. 電鍋外鍋放半杯水，鍋蓋不緊閉，留些縫隙，蒸約十分鐘即可。

小筆記 Notes：

1. 此處的里香和小茴香可選擇用新鮮或乾燥的，若找不到也可以香菜替代。
2. 如何蒸出光滑無氣孔的蒸蛋呢？以下三個方法可以嘗試：
   ◆蒸蓋不要完全密閉，以免溫度過高讓蛋汁煮滾而出現氣孔。
   ◆蒸的時間不要太長，如果檢查發現正中心凝固的不夠，可以繼續用餘溫悶熟，不需持續加熱。
   ◆儘量使用開水或高湯也可避免小洞。
   給不吃蔥、蒜、蛋的素食朋友：去掉蛋之後雖做不成蒸蛋湯，但也可用豆腐取代成為香料豆腐湯。

蔬菜義大利麵湯（約 4 人份）

材料 Ingredients：

1. 洋蔥 1/3 個，約 70g，切成末
2. 西洋芹 1 支，切成末
3. 蘑菇 4 朵，約 40g，切片
4. 胡蘿蔔 40g，切小片
5. 玉米粒 20g
6. 韭菜花 1 小把，約 20 支，切成細小段
7. 番茄醬 1 大匙
8. 高湯 4 碗，約 800cc
9. 新鮮或乾的巴西里葉少許
10. 小義大利麵或折碎的義大利麵條 50g

作法 Methods：

1. 用少量橄欖油（分量外）將洋蔥末炒到半透明狀，鍋中加入高湯和其他蔬菜，煮滾後繼續燉煮約三至四分鐘。
2. 加入小義大利麵煮到熟，再用番茄醬和少許鹽（分量外）調味，撒上巴西里葉即可。

小筆記 Notes：

進口超市有許多圖案或顏色小巧可愛的義大利麵，很適合麵湯使用，份量不用多，可以增加用餐時的樂趣。若找不到，也可用普通義大利麵折成小碎段取代。

給不吃蔥、蒜、蛋的素食朋友：去掉洋蔥和韭菜花，此道湯依然鮮美喔！

鮮蔬精華湯（約 3～4 人份）

材料 *Ingredients*：

1. 洋蔥 40g，切絲
2. 胡蘿蔔 40g，洗淨切片
3. 青豆 15g，洗淨
4. 花椰菜 40～50g，洗淨，切成易入口的大小
5. 大蒜苗蔥白部分，洗淨，切細段
6. 水 3 碗，約 600cc
7. 高湯 1/2 碗，約 100cc
8. 月桂葉 1 片

作法 *Methods*：

用少許的橄欖油（分量外）炒香洋蔥絲，加入水和高湯，煮滾後加入所有蔬菜，續煮至胡蘿蔔變軟即可加少許鹽（分量外）調味。

小筆記 *Notes*：

1. 湯煮好之後月桂葉要取出丟棄，不要泡在湯裡。
2. 這道湯非常鮮美可口，喝起來很有滿足感。

   給不吃蔥、蒜、蛋的素食朋友：以西洋芹取代大蒜苗即可。

小黃瓜濃湯（約 3 ～ 4 人份）

材料 Ingredients：

1. 小黃瓜 1 條，隨意切碎
2. 馬鈴薯約 80g，切小丁
3. 洋蔥 40g
4. 大蒜 2 瓣
5. 麵粉 1 大匙半
6. 植物鮮奶油 2 大匙
7. 水 3 碗，約 600cc
8. 鹽少許
9. 黑胡椒粉少許

作法 Methods：

1. 熱鍋，燒熱少量橄欖油（分量外），炒香洋蔥和大蒜後，加入馬鈴薯小丁炒到半熟。加入水和麵粉攪拌均勻煮滾，加入碎小黃瓜，再次煮滾時熄火，加入植物鮮奶油和適量的鹽調味。
2. 小心將湯料倒入果汁機中打成滑順的濃稠狀即可盛入盤中，撒上黑胡椒粉即可。

小筆記 Notes：

1. 植物鮮奶油是牛乳脂肪所製，較植物鮮奶油香濃，因不含糖所以方便使用於料理中。植物鮮奶油是植物脂肪所提煉，已添加糖分，一般較常用於甜點中，較不適合做料理。
2. 剛煮好的湯溫度很高，操作果汁機時要小心湯汁外濺導致燙傷，也要注意果汁機的材質是否耐高溫。也可將湯放涼時再打，只要再倒回鍋中加熱即可。
3. 這道湯雖然是濃湯，卻因有小黃瓜而有清爽口感。

給不吃蔥、蒜、蛋的素食朋友：不加蔥、蒜還是嘗得出小黃瓜濃湯的香與鮮甜喔！

Appetizers & Soups

酪梨濃湯 (約3～4人份)

材料 *Ingredients*：

1. 熟酪梨 100g
2. 奶油 12g
3. 大蒜 1 瓣
4. 西洋芹碎末 25g，洗淨
5. 青蔥 2 支，約 15g
6. 麵粉 1 大匙
7. 水 2 飯碗，約 400cc
8. 高湯 1/2 碗，約 100cc
9. 鮮奶 1 碗，約 200cc
10. 植物鮮奶油少許
11. 鹽少許

作法 *Methods*：

1. 炒香大蒜之後，鍋中撒入麵粉拌炒，若有結塊沒關係，轉小火炒至香味溢出，小心燒焦。接著加入水和高湯，把麵粉塊攪散，再加入青蔥、酪梨和西洋芹末煮滾。加入鮮奶，再次煮到滾，加鹽調味。
2. 將湯料倒入果汁機中打成泥狀即可，盛盤食用時可淋上少許植物鮮奶油。

小筆記 *Notes*：

1. 酪梨是營養豐富的水果，雖然飽含脂肪卻無膽固醇，口感滑順柔嫩無特殊甜味。成熟的酪梨是軟爛的，可以從外皮輕輕按壓來判斷，有些品種成熟時會轉成棕色或紫紅色，有的則不會。
2. 用果汁機打成泥時溫度很高，操作時要小心燙傷，也要注意果汁機的材質是否耐高溫，也可以等湯放涼時再打，只要再倒回鍋中加熱即可。

給不吃蔥、蒜、蛋的素食朋友：直接去掉蔥、蒜還是嘗得出這道濃湯的香味喔！

Appetizers & Soups

Appetizers & Soups

Appetizers & Soups

Appetizers & Soups

地瓜奶濃湯（約3～4人份）

材料 Ingredients：

1. 煮熟的地瓜 200g
2. 煮熟的馬鈴薯 60g
3. 奶油 25g
4. 洋蔥 30g，切小塊
5. 麵粉 1 大匙
6. 水 3 碗，約 600cc
7. 植物鮮奶油 2 大匙
8. 西洋芹葉或巴西里葉少許
9. 鹽少許
10. 黑胡椒少許

作法 Methods：

1. 以奶油小火炒香麵粉，小心燒焦，之後加入 3 碗水，把麵粉攪散呈滑順狀。
2. 再次煮滾時加入地瓜、馬鈴薯和洋蔥，以中火煮五分鐘後熄火，過程中要不時攪拌以防底層結塊。接著小心倒入果汁機中，攪打呈細緻的泥狀。倒出後用鹽與黑胡椒粉與植物鮮奶油調味即可。

小筆記 Notes：

1. 選擇甜度高的地瓜是這道湯好喝的關鍵，每年的十月份開始到隔年的春天結束前都是地的產季，盛產期的地瓜香甜可口，用來做湯令人驚艷。
2. 果汁機打熱湯請小心湯汁濺出而燙傷，不然放涼再打也可。

給不吃蔥、蒜、蛋的素食朋友：沒有了洋蔥還是嘗得出地瓜濃湯的香甜味喔！

主餐

總覺的外面賣的披薩就是少了一種記憶中的味道。於是有一天，我捲起袖子，認真在廚房流理台上和一塊麵糰奮戰。

國外義大利餐廳裡的披薩長的不見得很圓，形狀也不一定，反而有一種樸實的手工風格，所有食材都是隨意擺放，烤出來有一種無需造作的天然。我好喜歡那種感覺，那才是披薩自然的樣子。

於是我費勁和麵糰角力，還讓它睡了一覺發酵，果然擀不出正圓形，就讓它以不甚對稱的橢圓形盛滿了蔬菜與起司進入烤箱接受最後的變身。

在等待的過程中，我不禁連連驚嘆，因為家裡瀰漫的正是記憶裡義大利餐館中那種高級卻又樸實的香味，那是小麥經過烘焙才有的麥香味，還有番茄醬和香料混合的酸香味，以及蔬菜烘烤才有的清甜香，沒想到就在家裡重現了。

我開心地手舞足蹈，得意洋洋的浸淫在這股幸福感濃烈的芳香裡，想起電視上介紹的鄉下義大利老媽媽，不需要多精緻的調味或手工，就這麼地收集大地賜與的食物就能變化出充滿活力與能量的香味！

「好香喔！有人叫披薩耶！」隔壁小弟放學回來，在電梯間就這麼對他媽媽說，語氣中滿是羨慕。過沒多久老公也進了門，鞋子一脫就邊走邊大叫道：「好香喔！這竟然是我家傳出來的香味！真的是你自己做的嗎？」

我正躲在廚房中試吃一片剛出爐的披薩，還來不及回話他就走了過來，看到我如餓虎一樣的猛嚼手中的披薩，他又說：「妳要一個人吃光一個嗎？」

我完全沒有多餘的空閒說話，忙得一邊點頭又一邊搖頭。

別打擾我，我在吃披薩！

馬鈴薯墨西哥卷餅（約4人份）

材料 Ingredients：

1. 墨西哥卷餅皮 4 張
2. 中型馬鈴薯 1 個，洗淨切小丁
3. 洋蔥丁 30g
4. 青椒丁 30g
5. 彩椒丁 30g，紅色或黃色皆可，洗淨
6. 蘑菇 4～5 朵，洗淨切丁
7. 馬芝拉起司 Mozzarella cheese 適量
8. 生菜約 4～8 片，洗淨
9. 市售的薯條 1 份（亦可不用）

莎莎醬材料 Ingredients：

1. 洋蔥末 15g
2. 青椒末 20g，洗淨
3. 香菜末 10g，洗淨
4. 西洋芹末 10g，洗淨
5. 番茄小丁 85g
6. 橄欖油 1 大匙
7. 鹽 1/4 小匙
8. 砂糖 1/4 小匙
9. 墨西哥辣椒醬數滴
10. 黑胡椒粉少許

作法 Methods：

1. 先將莎莎醬的材料全數攪拌，靜置約十分鐘等待出水入味。去掉生菜鋪在餅皮邊緣放置一旁備用。
2. 將不沾鍋預熱，加入約 2 大匙的橄欖油，放入馬鈴薯丁不停拌炒至香味四溢，外觀有點金黃色後，放入洋蔥丁炒香，再依序放入蘑菇、番茄、青椒和彩椒以中小火拌炒，以鹽和黑胡椒粉（分量外）調味即可。
3. 把醃製十分鐘以上的莎莎醬濾掉水分，鋪在之前備用的生菜上，再將剛熄火的炒料鋪放上去，撒上馬芝拉起司用餘熱將起司融化，小心將餅皮捲起即可食用。

小筆記 Notes：

1. 可以捲入數支市售炸好的薯條，口感會更香酥可口。
2. 墨西哥餅皮在大型進口超市都買得到，皮較厚且有咬勁，如果買不到也可用蛋餅皮事先熱好替代。
3. 墨西哥餅皮從冰箱取出就可直接食用，若冰的太硬則需加熱，建議用蒸的方式餅皮較濕軟好咬，如果用鍋子乾煎則容易過乾而不易包裹材料。
4. 墨西哥辣醬在超市進口區都看得到，只需數滴就有辣味，可依喜好酌量調整辣度。
   給不吃蔥、蒜、蛋的素食朋友：去掉材料中的洋蔥依然很好吃。

香焗菇蕈法國麵包 （約 2～3 人份）

材料 Ingredients：

1. 鮮香菇約 4～5 朵，或 120g，洗淨
2. 蘑菇約 5～6 朵，或 120g，洗淨
3. 西洋芹嫩葉少許，洗淨切末
4. 大蒜 3 瓣，切末
5. 醬油少許（亦可不加）
6. 沙拉醬 2 大匙
7. 奶油 15g，在室溫下軟化
8. 洋蔥切碎約 1 小匙
9. 新鮮法國麵包 1 條，切成厚度相同的片狀
10. 馬芝拉起司 Mozzarellacheese 適量
11. 匈牙利紅椒粉 Paprikapower 適量
11. 鹽少許
12. 黑胡椒粉少許

作法 Methods：

1. 先將軟化的奶油與沙拉醬混合攪拌，加上洋蔥碎末與少許鹽巴作成麵包抹醬。
2. 預熱不沾鍋，以少許橄欖油炒香香菇與蘑菇片，繼續拌炒至香菇呈微金黃色，再加入大蒜末用小火炒，小心拌炒過程中任何材料都不可燒焦。接著撒上鹽與黑胡椒粉和芹菜葉調味後熄火。
3. 將先前做好的抹醬塗抹於切好的麵包表面，再均勻地鋪上炒好的香菇料，再撒上馬芝拉起司。麵包全部做好後可在表面上均勻撒上一些水，移入烤箱烤至起司融化即可，出爐後再撒上匈牙利紅椒粉。

小筆記 Notes：

1. 可以加上少許醬油讓香菇更香，但是不可多到吃出醬油味。
2. 若用隔夜的麵包烤會很乾，像是吃硬餅乾，因此不要切過厚免得不易咬，除了要多噴些水濕潤外，烤的時間也要縮短。
3. 也可用土司代替法國麵包，則有不同的口感。
4. 馬芝拉起司有乾和濕兩種，較乾的就是常見的披薩專用起司，加熱後會牽絲，濕的更新鮮，為純白色，常用來做成沙拉直接食用。

給不吃蔥、蒜、蛋的素食朋友：直接去掉材料中的蔥、蒜依然好吃。

彩椒起酥義大利麵盒（2人份）

材料 Ingredients：

1. 市售冷凍起酥片 4 片
2. 金針菇 1 包，洗淨切成兩段
3. 大蒜末 2 瓣
4. 紅椒 35g，洗淨切絲
5. 黃椒 35g，洗淨切絲
6. 素火腿 30g，洗淨切絲
7. 煮熟的義大利麵約 1 人份

作法 Methods：

1. 起酥皮取出退冰至柔軟狀態，將其中兩張的正中間用刀子劃出均等斜線，另兩張則不用。

2. 以少許的橄欖油炒香大蒜末後，放入素火腿絲、金針菇和彩椒續炒，最後加入煮好的義大利麵拌炒，加少許鹽（分量外）調味即可熄火。

3. 開始填裝起酥盒。取出一張完整的酥皮片，將彩椒義大利麵放在正中間，堆成飽滿狀（圖一），之後拿出有劃斜線的酥皮片蓋上去（圖二），二片酥皮四周密合處要像包水餃那樣稍微按壓使之黏合，另一份也用相同的方式包好。

圖一

圖二

4. 烤箱預熱至 180 度，放入起酥皮烤約十至十五分鐘之後，待酥皮漲成盒子狀，且表面呈金黃色即可出爐食用。

小筆記 Notes：

1. 剛開始不要隨意打開烤箱門以免溫度降低導致起酥發漲失敗。
2. 起酥皮的熱量很高，所以開胃菜或湯品就要搭配清爽的沙拉或清湯來平衡。

給不吃蔥、蒜、蛋的素食朋友：直接去掉材料中的大蒜即可。

蘑菇醬菠菜麵疙瘩（約2～3人份）

麵疙瘩材料 Ingredients：

1. 馬鈴薯泥 150g
2. 高筋麵粉 150g
3. 蛋 1/2 個，要打散
4. 菠菜碎 2 大匙
5. 鹽 1 小撮
6. 黑胡椒少許

白醬材料 Ingredients：

1. 奶油 20g
2. 麵粉 1 大匙
3. 鮮奶 1/2 碗，約 100cc
4. 水 1 碗，約 200cc
5. 西洋芹 1/2 支，洗淨切小丁
6. 蘑菇約 5 ～ 6 朵，切小片
7. 大蒜末 2 瓣
8. 植物鮮奶油 1 大匙，約 15cc
9. 荳蔻粉 Nutmegpower 少許
10. 帕馬森起司粉 Parmesancheese 10g

作法 Methods：

1. 將麵疙瘩材料全部以手均勻混合成麵糰狀。將混合均勻的麵糰揉成直徑約十元硬幣大小的長條型，用刀切成約 0.7 公分厚的薄片，再用手隨意捏成小圓餅狀，大小厚度要儘量均勻，以免煮熟的時間不同。接著將疙瘩片放入煮滾且加入少許橄欖油的水，煮至全數浮起時撈出放置一旁。

2. 將奶油融化後放入麵粉拌炒至香味飄出，再加入水和鮮奶把麵粉攪散呈濃稠狀，放入西洋芹、大蒜末、蘑菇片小火煮約五分鐘。加入少許荳蔻粉、鹽調味均勻。熄火後馬上加入帕馬森起司粉拌至完全融化，再加上植物鮮奶油。最後將疙瘩片與蘑菇白醬混合，撒上少許黑胡椒粉即可趁熱食用。

小筆記 Notes：

1. 馬鈴薯泥本身就含有水分，所以不需加太多水，要有點耐心將薯泥和麵粉用手揉合，麵糰應呈乾燥且柔軟不黏手的狀態，萬一太濕就再加少許高筋麵粉調整，太乾就加少許水或菠菜泥調整。

2. 荳蔻粉大約像灑黑胡椒粉那樣，撒個幾次就可。

   給不吃蔥、蒜、蛋的素食朋友：直接去掉材料中的大蒜和蛋汁即可。

焗烤香茄卷 (約2～3人份)

茄子捲材料 *Ingredients*：

1. 中型馬鈴薯 1 個，洗淨去皮，切成條狀
2. 紅椒 1/2 個，洗淨切成條狀
3. 素火腿約 40g，洗淨切成細條
4. 蘆筍 40g，洗淨
5. 西洋芹 40g，洗淨
6. 茄子約 1～2 條，洗淨刨成長條薄片
7. 馬芝拉起司適量
8. 橄欖油加一點鹽約 2 大匙

香菜醬材料 *Ingredients*：

1. 洋蔥末 30g
2. 奶油 12g
3. 麵粉 1 大匙
4. 香菜洗淨，切細碎 20g
5. 月桂葉 1 片
6. 鮮奶 50g
7. 水 100cc

作法 *Methods*：

1. 以適量的橄欖油依序炒香馬鈴薯、西洋芹、蘆筍、紅椒和素火腿，撒一點鹽調味即可熄火盛盤備用。

2. 將全數茄子片刨成約 20cm 的長度，一個捲大約使用 2～3 張茄子片，將茄片攤在工作台上，刷一層薄薄含鹽的橄欖油在茄子片的表面，再將炒料鋪在茄子片底端，然後小心的包捲起來，置於烤盤裡。其他材料以同一方法包到完，最後在茄子捲上撒馬芝拉起司，放入預熱好的烤箱中烤至起司融化並呈金黃色。

3. 趁烤茄子的時候，熱鍋融化奶油，加入麵粉炒到香味飄出，轉成小火，加水把麵粉攪散，再加入月桂葉和洋蔥末後以小火煮滾約三分鐘，小心攪拌，注意不要燒焦。最後倒入鮮奶，撒上鹽和黑胡椒粉（分量外）調味即可熄火，熄火後馬上加入香菜碎攪拌成醬料。

4. 將烤好的茄子捲拿出，淋上熱熱的香菜醬趁熱食用。

Main Dishes

小筆記 *Notes*：

* 如果有未切完的剩餘茄子，也可隨意切成塊，刷上含鹽的橄欖油後，淋上香菜醬和起司放入烤箱焗烤也非常好吃。

  給不吃蔥、蒜、蛋的素食朋友：去掉材料中的洋蔥依然可口。

香炒蘑菇三明治（2人份）

材料 *Ingredients*：

1. 洋蔥 1 個，切成細絲
2. 青椒 1/2 個，洗淨，切成細絲
3. 蘑菇，約 5～6 朵，洗淨，切片狀
4. 法國麵包 1 條切半
5. 馬芝拉起司適量
6. 大黃洗淨，切成薄片約 8 片
7. 塗麵包的奶油適量
8. 鹽少許
9. 黑胡椒粉少許

作法 *Methods*：

1. 先將麵包烤過，夾層兩面塗上奶油或沙拉醬，再整齊的放入大黃片，在黃片上撒上馬芝拉起司備用。
2. 將鍋加熱後轉中小火，放入約 2 大匙的橄欖油慢炒洋蔥絲，直到洋蔥變成微焦黃色，再加入蘑菇和青椒續炒，最後加鹽與黑胡椒粉調味熄火，黑胡椒粉要比平常用量再多一些。
3. 趁熱將炒料填入先前備好的起司上面，用餘熱將起司融化即可趁熱食用。

小筆記 *Notes*：

因洋蔥要炒久一些，所以橄欖油要多一點，以免將洋蔥炒焦。也可加很少量的醬油在炒料中提味，但不要多到吃出醬油味。這道菜香又開胃，用土司也可以。

給不吃蔥、蒜、蛋的素食朋友：放入蘑菇、青椒前，也可以用素火腿絲炒香，但是記得不要再加鹽或醬油了！

熱炒蝴蝶麵（約2～3人份）

材料 *Ingredients*：

1. 胡蘿蔔 30g，洗淨切片
2. 洋蔥 1/2 個，約 140g 切絲
3. 大蒜 2 瓣
4. 碗豆苗 25g，洗淨
5. 鮮香菇 2 朵，洗淨約 40g 切片
6. 青椒 40g，洗淨
7. 玉米筍 5 支洗淨
8. 蜂蜜 1 小匙
9. 醬油 1 小匙
10. 水 1/2 碗，約 110g
11. 煮好的蝴蝶麵 2 人份
12. 鹽少許

作法 *Methods*：

1. 以 2 大匙的橄欖油炒香洋蔥和大蒜後加入香菇，接著加醬油拌炒，最後把胡蘿蔔、玉米筍、青椒、香菇都放入炒熟。
2. 加入水混合均勻後用蜂蜜和鹽調味，最後加入碗豆苗。把煮好的蝴蝶麵倒入鍋中和炒料拌炒直到收汁即可。

小筆記 *Notes*：

1. 煮蝴蝶麵時要在水中加少許的油及鹽防止沾黏，也要注意不要煮的太爛，以免最後拌炒時破裂。
2. 醬油只是提味及增加色澤，所以不需加太多，也可以不加。

   給不吃蔥、蒜、蛋的素食朋友：直接去掉材料中的洋蔥和大蒜即可。

Main Dishes

煎馬鈴薯香飯餅（約 3 ～ 4 人份）

飯餅材料 Ingredients：

1. 白飯 3 碗
2. 素火腿碎 45g
3. 帕馬森起司粉 Parmesancheese20g
4. 馬鈴薯泥約 200 ～ 250g
5. 蛋 1 個，加一點水打散
6. 麵包粉適量
7. 黑胡椒粉適量
8. 馬芝拉起司適量

酸甜醬料 Ingredients：

1. 洋蔥末 25g
2. 番茄丁 50g
3. 蘑菇片 3 ～ 4 朵，約 50g
4. 大蒜末 1 瓣
5. 砂糖 1/4 小匙
6. 水 1/2 飯碗，約 100g
7. 可果美番茄醬 1.5 大匙
8. 芶芡用玉米粉水適量
9. 香菜適量

作法 Methods：

1. 先做酸甜醬。鍋中放入少許橄欖油炒香洋蔥和大蒜，加入番茄丁和蘑菇片，倒入水、砂糖和番茄醬煮約三分鐘，最後用玉米粉芶芡呈濃稠的醬汁狀即可。
2. 把切碎的素火腿、帕馬森起司粉和馬鈴薯泥拌入白飯中混合均勻，撒上少許鹽與黑胡椒粉調味。先將馬芝拉起司揉成約 5 元硬幣大小的小球 7 ～ 8 個，打散的蛋汁和放有麵包粉的淺盤準備好放置一旁待用。
3. 雙手以水沾濕，將混和好的飯捏成約掌心大小的圓球，用另一手壓扁，把起司小球放在中間，四周再包裹起來，像做包子一樣，如果飯不夠就拿新的補滿，最後成為中間是起司球的飯餅，所有的飯都用此方式做好。做好後的飯球再用同樣的包裹法，外層再包上一層馬鈴薯泥，最後再稍稍壓成圓扁狀，外觀完整即可。
4. 平底鍋加入橄欖油熱鍋，把飯餅的兩面快速沾上蛋汁（不要浸泡在蛋汁中），放入裝有麵包粉的淺盤，兩面都沾上麵包粉，接著放入鍋中煎到兩面金黃。其餘飯餅也照同樣方式煎完，最後淋上酸甜醬，撒上香菜裝飾即可食用。

小筆記 Notes：

煎好的飯餅很香且有飽足感，使用酸甜醬可以適當地中和油膩。
給不吃蔥、蒜、蛋的素食朋友：不使用蛋汁就需費心的將麵包粉仔細沾壓在最外層的馬鈴薯泥上再入鍋煎。酸甜醬直接去掉材料中的洋蔥和大蒜即可。

濃醇菠菜起司餃 （約 2～3 人份）

起司餃材料 Ingredients：

1. 市售水餃皮約 25 張，對切成一半
2. 菠菜 30g，氽燙過後剁碎
3. 馬芝拉起司 90g
4. 瑞可塔起司 Ricottacheese80g
5. 帕馬森起司粉 10g
6. 黑胡椒粉少許

蔬菜醬材料 Ingredients：

1. 橄欖油 1 大匙
2. 中型番茄 1 個，切小丁
3. 洋蔥末 25g
4. 西洋芹 1/2 支，切末
5. 新鮮巴西里或香菜少許

作法 Methods：

1. 取一大碗，將三種起司、切碎菠菜與黑胡椒粉均勻混合成起司餡。以手或小湯匙把起司餡分成大小相當的小球，包入對切一半的水餃皮中，水餃皮四周沾一點清水幫助黏合，成為類似三角形狀的餃子。

2. 接著做蔬菜醬。以橄欖油炒香所有材料，加適量的鹽（分量外）調味即可盛起備用。

3. 煮沸一鍋水，水中加少許橄欖油，將包好的起司餃小心投入，以湯杓稍微攪拌以免沾黏，只要煮到起司餃浮起就撈出。把煮好的起司餃和蔬菜醬攪拌就可盛盤食用，食用時再撒上少許黑胡椒粉和帕馬森起司粉即可。

小筆記 Notes：

1. 中式的水餃皮口感沒有義式的麵皮那樣有嚼勁，所以選時要儘量找皮厚一點的，煮的時候浮起來就表示皮熟了，煮太熟口感會太過軟爛。

2. 還沒煮的餃子可以冷凍保存，方便隨時享用。

3. 用不完的瑞可塔起司怎麼辦？可以加入本書中的奶油起司義大利麵，或是甜點中的鬆餅皮、水果奶油卷或起司水果杯裡都能增加香味。如果真的買不到瑞可塔起司，也可以用比較常見的奶油乳酪（Creamcheese）取代，或用馬芝拉起司取代也可以。奶油乳酪剛從冰箱取出時會很硬，要稍微在室溫下放軟比較好和其他起司混合。

給不吃蔥、蒜、蛋的素食朋友：起司餡已經去掉原有的蛋汁，因此直接去掉蔬菜醬中的洋蔥即可。

南瓜燉飯（約 3～4 人份）

材料 IngredientS：

1. 奶油 35g
2. 橄欖油 1 大匙
3. 洋蔥末 40g
4. 大蒜 2 瓣切末
5. 高湯 1 飯碗，約 200g
6. 蒸熟的南瓜泥 350g
7. 西洋芹嫩葉適量
8. 植物鮮奶油 2 大匙，約 30cc
9. 月桂葉 1 片
10. 白飯 3 碗
11. 鹽少許

作法 MethodS：

1. 鍋中放入奶油和橄欖油炒香洋蔥和大蒜，放入月桂葉，接著加入高湯和南瓜泥，邊煮邊攪拌。
2. 加入適量的鹽，把白飯倒入南瓜糊中攪拌均勻，讓飯稍微吸收湯汁，最後加入植物鮮奶油即可熄火，撒上黑胡椒粉和西洋芹葉即可。盛盤時取出月桂葉丟棄。

小筆記 Notes：

1. 選擇當季的南是這道飯好吃的祕訣。白飯要煮至八九分熟，過熟會太爛，這道飯吃起來就不會有粒粒分明的口感。
2. 西式燉飯吃起來口感較濃郁，米粒較有硬感，用的是在台灣不易得的義大利米，是將生米直接加入鍋中燉煮，在這裡我們用一般常見的白米煮到八九分熟，可以節省燉煮的時間。

   給不吃蔥、蒜、蛋的素食朋友：直接去掉材料中的洋蔥和大蒜，改以西洋芹碎末即可。

野菇燉飯（約 3 ～ 4 人份）

材料 Ingredients：

1. 鮮香菇 4 朵洗淨後切丁，約 100g
2. 蘑菇 7 朵洗淨後切片，約 120g
3. 杏鮑菇 1 朵洗淨後切丁，約 80 ～ 100
4. 洋蔥末 35g
5. 大蒜末 2 瓣
6. 中型馬鈴薯 1/2 個，切小丁
7. 高湯約 350 ～ 380cc
8. 奶油 15g
9. 橄欖油 20g
10. 白酒 15cc
11. 帕馬森起司粉 30g
12. 植物鮮奶油 2 大匙
13. 白飯 3 碗
14. 百里香 Thyme 少許
15. 切碎的香菜葉或芹菜葉少許
16. 鹽少許

作法 Methods：

1. 奶油和橄欖油在鍋中融化均勻後放入洋蔥和大蒜炒香，再加入馬鈴薯拌炒約二分鐘，接著加入所有的菇片繼續拌炒。將高湯加入後以中小火續煮約五分鐘。

2. 加入白酒和少許百里香，以鹽（分量外）調味。加入白飯攪拌到收汁，再加入帕馬森起司粉和植物鮮奶油之後即可熄火，攪拌均勻後盛盤，撒上少許香菜葉和黑胡椒粉。

小筆記 Notes：

1. 白酒是指無甜味的酒，若沒有用米酒替代也可以。

2. 白飯加入後不要燉太久，以免變得糊糊爛爛的。吃起來有點像煮的比較乾的稀飯，但應該要粒粒分明口感較好。

3. 撒上少許百里香風味更佳。

給不吃蔥、蒜、蛋的素食朋友：去掉材料中的洋蔥和大蒜，而用奶油直接炒香菇片，再多加一些西洋芹碎末，其他做法步驟則相同。不加酒也很好吃。

Main Dishes

黃金蔬菜燉飯 （約3～4人份）

材料 Ingredients：

1. 紅椒 20g 洗淨切碎
2. 青椒 20g 洗淨切碎
3. 蘆筍 2 支，約 20g，洗淨
4. 茄子 20g，洗淨切小碎丁
5. 大蒜 3 瓣，切末
6. 紅蔥頭 25g，切末
7. 蘑菇 4～5 朵，約 80g，洗淨切片
8. 素火腿 25g，洗淨切小丁
9. 高湯 350～380cc
10. 奶油 15g
11. 橄欖油 1 大匙
12. 月桂葉 2 片
13. 薑黃粉 Turmeric 1/4 小匙的 8～9 分滿
14. 白飯 3 碗
15. 鹽少許

作法 Methods：

1. 將橄欖油和奶油一起加熱，把大蒜和紅蔥頭一起炒香，再依序加入茄子、素火腿、蘑菇、蘆筍、紅椒和青椒拌炒，加入月桂葉一起煮。
2. 倒入高湯用小火煮約二至三分鐘後，加入薑黃粉和鹽做調味。最後倒入白飯攪拌到收汁即可盛盤食用。

小筆記 Notes：

一般是用番紅花作為主要香料來源，它有特殊香氣，可以把食物染成金黃色，但是番紅花很貴又不易得，這裡用常見的薑黃粉（或稱鬱金香粉）和月桂葉取代。

給不吃蔥、蒜、蛋的素食朋友：直接去掉材料中的紅蔥頭和大蒜，用素火腿爆香即可。

Main Dishes

焗烤番茄千層麵（約 2～3 人份）

材料 Ingredients：

1. 義大利千層麵麵皮 4～5 張，煮熟
2. 乾的碎素肉 35g，先泡在水裡發漲
3. 素火腿 20g 切末
4. 洋蔥末 100g
5. 大蒜末 3 瓣
6. 可果美番茄醬 3 大匙
7. Hunt's 番茄醬 2 大匙
8. 蘑菇丁 40g
9. 西洋芹末 30g
10. 花椰菜數朵，汆燙過
11. 高湯 200cc
12. 乾俄力岡 Oregano 適量
13. 勾芡用玉米粉水 2 大匙
14. 馬芝拉起司適量
15. 鹽與黑胡椒粉少許

作法 Methods：

1. 用橄欖油炒香洋蔥和大蒜後加入素火腿續炒，接著加入蘑菇、西洋芹和兩種番茄醬炒到香味飄出。加入高湯和瀝乾水分的碎素肉後將火轉小，煮約五分鐘。
2. 將玉米粉水加入煮滾的湯料裡勾芡呈濃稠狀，撒上俄力岡、鹽與黑胡椒粉調味後即可熄火。
3. 取一個有深度的烤盤，在最底層鋪上一片麵皮，放上一層番茄醬料，擺上幾朵燙熟的花椰菜，撒上馬芝拉起司，再蓋上一層麵皮，接著繼續重複堆疊二至三層。在最後一層麵皮上放上較多的馬芝拉起司，要鋪均勻，麵皮不要外露，否則進烤箱烤過之後會乾掉。全部鋪好後移入烤箱烤至表面起司呈金黃色即可。

小筆記 Notes：

1. 義大利千層麵皮也可不需另外煮，而是直接鋪進醬料中在烤箱中煮熟，此時它會吸收周圍的醬汁漲大，吃起來口感較死硬。我個人喜歡另外水煮過後的麵皮，吃起來才有帶彈的嚼勁，而烘烤的時間也可以較短。因為麵皮大張不好煮，建議可以折對半煮，水中要加上鹽與少許油以免沾黏。
2. 如果千層麵麵皮取得不易，也有以下三種食材可以取代──義大利麵條：將麵條折成幾段再煮，煮好的小段麵條比較容易鋪平。水餃皮：因為比較薄，所以要將煮好的餃子皮用交錯相疊的方式多鋪幾片，吃起來的口感較好。板條：市面上有售還未切條的板條，口感較 Q 嫩，不必事先煮過，只要稍微洗淨就可以來鋪。
3. Hun't 牌的番茄醬罐頭和可果美番茄醬味道並不相似，兩者混合後的香味與酸度更好，你也可以試出自己最喜歡的比例。
4. 花椰菜要事先汆燙好再鋪進料裡，否則生烤的花椰菜吃起來會很硬。勾芡過後的醬料鋪起來比較不會塌陷，如果料很多也可以不勾芡。
5. 俄力岡又稱披薩草，和番茄醬料的香味最合，是做披薩醬時不可或的重要香料，在這裡使用可以增加特殊的香氣。

　　給不吃蔥、蒜、蛋的素食朋友：直接去掉材料中的洋蔥和大蒜，而用素火腿和蘑菇片來炒香即可。

奶油起司義大利麵（約 2～3 人份）

材料 *Ingredients*：

1. 奶油 25g
2. 麵粉 1 大匙
3. 大蒜 3 瓣切末
4. 蘑菇 4 朵，切片
5. 帕馬森起司粉 30g
6. 切達起司 2 片
7. 植物鮮奶油 20cc
8. 月桂葉 2 片
9. 荳蔻粉少許
10. 水 170cc
11. 香菜、黑胡椒粉適量
12. 煮好的義大利麵條 2～3 人份
13. 鹽少許

作法 *Methods*：

1. 將奶油融化後以中小火加入大蒜末炒香，小心大蒜不要炒焦。加入蘑菇拌炒後加入麵粉拌炒數下，再加入水小心將麵粉塊攪散至濃稠狀，放進月桂葉及撒上少許荳蔻粉將湯汁煮到小滾。

2. 加入帕馬森起司粉和切達起司片以及植物鮮奶油攪拌至融化完全即可熄火。以鹽和黑胡椒粉調味，取出月桂葉丟棄，加入煮好的義大利麵拌勻，食用前放上香菜裝飾。

小筆記 *Notes*：

夾三明治用的單片包裝起司就是切達起司的一種，要選擇原味的，略帶橘黃色或奶白色的都可以。

給不吃蔥、蒜、蛋的素食朋友：直接去掉材料中的大蒜即可。

圖一

圖二

圖三

圖四

Special

披薩皮作法（約 5～6 人份）

材料 Ingredients：

1. 高筋麵粉 500g
2. 鹽 6g
3. 乾酵母粉 7g
4. 砂糖 20g
5. 冷水 110～120g
6. 鮮奶 100g
7. 橄欖油 100g

作法 Methods：

1. 先取 4 大匙的麵粉和鹽、酵母、糖、一半的鮮奶混合攪拌均勻直到成為滑順的泥糊狀（圖一）。再將這些泥狀混合材料和其他所有材料全部混合在鍋中（圖二）（或在工作台上堆成有凹洞的小山做混合），邊加水慢慢混合。

2. 一開始麵糰會很黏手，要一直揉捏到鍋子內側光亮無麵粉沾黏，而麵糰本身也不再黏手時，就可以進行麵糰的摔打（圖三）。

3. 將麵糰整個拿高，約與肩同高，再用力摔打至工作台上或鍋裡，如此重複摔打揉捏約十五至二十分鐘，麵糰就會變的較光滑且有彈，此時就可以準備發酵（圖四左）。

4. 將麵糰揉成圓形放在深鍋中，上面蓋上一條毛巾或保鮮膜，放置室溫發酵。室溫 26 度時發酵約四十分鐘，如果天氣冷就要移到溫暖的地方靜置，發酵的時間也會較長。

5. 當麵糰漲大一至二倍，手指頭輕壓中心時會凹陷成一個洞且不會反彈回來時，就表示發酵完成，可以進行披薩或麵包卷的製作（圖四右）。

6. 未做完的麵糰可以放到加蓋的保鮮盒中冷藏，最多大約可以冰兩夜，隨著冰的時間越長，麵糰也將會越鬆散而失去彈，所以要盡快使用。

小筆記 Notes：

1. 水分不要一開始就全部加完，邊攪拌邊加水。萬一水太多，麵糰攪拌很久都很黏手時，就要再加少許高筋麵粉做調整。

2. 摔打麵糰時很累，把它當成小運就變得較有趣。乾酵母粉若不新鮮也不容易發酵，如果是在很冷的冬天，混合酵母的鮮奶和水的溫度就要提高到約人體的體溫，發酵會比較快。

蔬菜麵包卷（約 2～3 人份）

材料 *Ingredients*：

1. 第一次發酵完成的麵糰 400g
2. 洋蔥絲 100g
3. 鮮香菇 4 朵，洗淨切絲
4. 青椒絲 30g，洗淨
5. 素火腿絲 20g
6. 金針菇 1/2 包，洗淨切段
7. 蛋 1 個打散，加少許水
8. 馬芝拉起司適量
9. 帕馬森起司粉適量

底層塗料 *Ingredients*：

1. 橄欖油 2 大匙
2. 鹽 1/4 小匙
3. 巴西里葉少許

作法 *Methods*：

1. 鍋中放少許橄欖油先炒香洋蔥絲，接著放入香菇、素火腿、金針菇、青椒拌炒，撒上適量的鹽之後起鍋備用。
2. 工作台上撒少許高筋麵粉，把第一次發酵完成的麵糰等份切成 4 個，每一份約 100g 備用。把馬芝拉起司揉成約 10 元硬幣大小 4 個。把小麵糰揉成橢圓球，用沾有麵粉的擀麵棍擀成像牛舌餅的長條狀。把塗醬用的油均勻的在麵糰的表面上刷一次，放上炒好的蔬菜料，起司小球放在蔬菜料上，把麵皮像捲毛巾那樣的捲起來，頭尾兩處的收口捏緊，轉到麵包下面去壓好，使麵包正面看起來渾圓飽滿。
3. 拿小刀在麵糰上隨意劃上兩道線，用薄毛巾蓋好靜置在烤盤上等待第二次發酵。約四十分鐘後，麵包會漲大為原來的一倍，這時就可以在麵包表面刷上少許蛋汁，撒上帕馬森起司粉，送進預熱好 180 度的烤箱烤約二十至二十五分鐘即可。

小筆記 *Notes*：

擀麵糰皮時壓破第一次發酵的氣泡並沒有關係。第二次發酵時要注意室溫，冬天太冷發酵時間會很長，可以在烤箱中放一小杯熱水使烤箱內部潮濕溫暖，再把蓋有毛巾的麵包放入發酵。

給不吃蔥、蒜、蛋的素食朋友：直接去掉材料中的洋蔥和蛋汁即可。

香烤綜合鮮蔬披薩（約 2～3 人份）

材料 Ingredients：

1. 第一次發酵完成的麵糰 450g
2. 洋蔥 40g，切片
3. 番茄 1/2 個，切薄片
4. 西洋芹 1 支，洗淨切小片狀
5. 青椒 30g，洗淨切絲
6. 蘑菇 5～6 朵，洗淨切片
7. 花椰菜 60g，汆燙過
8. 馬芝拉起司適量

披薩醬料 Ingredients：

1. 可果美番茄醬 2 大匙
2. 橄欖油 1/2 大匙
3. 俄力岡 1/4 小匙
4. 黑胡椒粉適量

作法 Methods：

1. 先將披薩醬的材料混合靜置一旁待用。把第一次發酵完成的麵糰整個揉圓，放在沾有少許高筋麵粉的工作台上，用桿麵棍擀成厚約一公分的圓形薄皮，把擀好的麵皮移到鋪有烤紙的烤盤上，再把披薩醬料塗上厚厚的一層，照順序將每一種蔬菜均勻的排放上去，這樣烤好後每一片的蔬菜配置才會均勻。
2. 排好蔬菜之後均勻的放上馬芝拉起司，就可以送入預熱好 180 度的烤箱，烤約二十至二十五分鐘，或烤到起司表面融化呈金黃色即可。

小筆記 Notes：

1. 如果烤箱不夠大，麵皮可以做小一點並分次烤，要使用烤紙或不沾布，否則容易沾黏，或在烤盤底部塗上一些油也可以。如果烤箱溫度不均，容易有表面已經要烤焦，底部麵糰還未全熟的狀況，這時候可以取一張錫箔紙蓋在披薩表面防止表面烤焦然後繼續加熱。每家的烤箱都不同，所以時間只是參考用，快烤好時，小心打開門，用長筷子深入麵糰底部看能不能輕易將麵糰和烤紙分開，如果麵糰沒有濕濕黏黏的狀態就表示烤熟了，如果有點像麻糬就還沒烤熟。
2. 番茄要儘量切薄片，而且要放置在上層容易烤到的地方，因為番茄富含水分，一烤就會出水，如果太厚就烤不乾，水分會聚集到下方使麵糰潮濕，麵糰就更不容易烤熟。番茄醬本身就很鹹所以可以不必加鹽，而重口味的人則可以酌量在放好的蔬菜上方撒上少許鹽。

給不吃蔥、蒜、蛋的素食朋友：去掉洋蔥也不失美味。

麵包披薩 （約 2～3 人份）

材料 Ingredients：

1. 第一次發酵好的麵糰 400g

2. 蔥 1 大把，約 200～250g，全切成蔥花

3. 蛋 1 個，打散

4. 沙拉醬或美乃滋適量

底層塗料 Ingredients：

1. 橄欖油 3 大匙

2. 洋蔥泥 1 大匙

3. 鹽與黑胡椒粉適量

作法 Methods：

1. 調好塗料要用的油備用。把麵糰整個揉圓，放在沾有少許高筋麵粉的工作台上，以擀麵棍擀成厚約 1cm 的圓形薄皮，把擀好的麵皮移到鋪有烤紙或不沾布的烤盤上，塗上塗料油脂，靜置十至十五分鐘。

2. 把蔥花和蛋汁混合，撒上一些鹽，把沾了蛋汁的洋香菜葉大量鋪在餅皮上，蛋汁不要倒上去，否則會把麵糰浸濕變得不易烤熟。放好之後細細的擠上沙拉醬，移入預熱 180 度的烤箱烤約二十至二十五分鐘，或麵皮已經全熟即可。檢查麵皮熟透的方法請參考上一道料理。

小筆記 Notes：

1. 蔥花烤起來會縮小很多，所以要放多一點。加了鹽的蔥花蛋汁會出水，所以等到要鋪的時候再加鹽，否則蔥的甜味都會流失掉。

2. 如果表面蔥花有焦掉的感覺，而底下麵皮卻還沒熟透，可以放一張錫箔紙在表面上阻擋直接來自上方的熱氣，可延長烘烤時間。

   給不吃蔥、蒜、蛋的素食朋友：蔥是此道披薩的主角，如果用油炒香的蘑菇片來取代蔥花就變成蘑菇披薩，這樣也有不同的美味喔！

甜點

第一次吃提拉米蘇是許多年前在美國的義大利餐廳裡，那是住在當地的台灣朋友讚不絕口的飯後甜點，當時在台灣還沒聽過，所以我一直記不住這個充滿外國味的名字。

　　朋友說，她是為了提拉米蘇才來吃正餐的，提拉米蘇才是壓軸的主角，主餐都是配角。那時候我十分不解，甜點不應該是完美的句點嗎？怎麼成了壓軸的重點了呢？

　　用完主餐之後，侍者收走零亂的餐盤，接著，就有一種蠢蠢欲的興奮在大夥之間流竄，等到侍者把重頭戲端上桌時，在座所有人的眼睛都亮了。那大大的白盤子中間隨意堆疊了一攤看起來軟軟爛爛的東西，撒上巧克力粉，盤子四周還用巧克力醬和紅色果醬畫上好看的幾何圖案。

　　「你們說這怎麼念？什麼拉什麼？」儘管聽過好幾次，那陌生的名字一到我的腦袋卻像一陣風，完全留不住。

　　於是我嘗了生平第一口提拉米蘇，瞬間，我的雙眼馬上迸發出和她們同等亮度的光芒。

　　「超好吃對不對！不蓋妳吧！」朋友興奮的說。

　　那簡直是不可思議的香醇美味，世界上竟然有這麼好吃的點心？我簡直形容不出那時候的感，只是拼命點頭。

「妳回去一定要mail給我它的全名到底是什麼啦！」我再三叮嚀，從此我也體驗到，為了甜點而吃正餐是多麼理所當然的事，於是我把不花太多力氣和時間的甜點當成一份套餐中的另一項主角，讓一頓飯有個美麗的驚嘆號作為完結。

　　然後，誰會不愛上一頓美麗的素食餐？

黑色提拉米蘇 （約2～3人份）

提拉米蘇材料 Ingredients：
1. 馬士卡邦起司 Mascarpone cheese200g
2. 植物鮮奶油 150g
3. 白蘭地 12cc
4. 蛋黃 2 個
5. 砂糖 30g
6. 手指餅乾 Ladyfinger 或海綿蛋糕適量

咖啡酒糖液材料 Ingredients：
1. 三合一咖啡或 espresso 咖啡 200cc
2. 砂糖 10g（若是用三合一咖啡則不必加糖）

巧克力淋醬 Ingredients：
1. 苦甜巧克力 60g
2. 植物鮮奶油 70g

作法 Methods：
1. 蛋黃與砂糖放入單柄的小鍋，接著取一大鍋加少許水煮沸後熄火，馬上把單柄的小鍋浸入沸騰的熱水，以隔水加熱的方式攪拌到糖融化即可拿開，接著加入馬士卡邦起司攪拌到滑順。把植物鮮奶油打到八分發，和起司蛋黃醬混合均勻，加入 5cc 白蘭地攪拌好。
2. 在準備好的咖啡液中加入剩餘的 7cc 白蘭地，再加入砂糖，攪拌至完全溶解即成為咖啡酒糖液。
3. 拿出要盛裝的盤子或杯子，先舀一些起司醬鋪在底部，再把手指餅乾或海綿蛋糕平均的擺上一層，刷上咖啡酒糖液，再倒一層起司醬，如此重複二至三次，把表面鋪平，先放置冰箱冷藏約半小時。
4. 製作巧克力淋醬。將所需要的植物鮮奶油用小鍋子加熱到鍋子內側冒泡泡但尚未煮滾時熄火，倒入放有苦甜巧克力的碗中攪拌到巧克力完全融化即為巧克力淋醬。從冰箱取出做好的提拉米蘇，小心的倒一層薄薄的淋醬在表面上，放涼後即可食用或是放入冰箱冷藏。

小筆記 Notes：
1. 馬士卡邦起司和手指餅乾都可在烘焙專賣店或大型進口超市找到。手指餅乾經酒糖液浸濕後就會變成鬆軟的蛋糕口感，所以用一般的海綿蛋糕也可以取代。
2. 做酒糖液所用的咖啡可依自己喜好調整香濃和甜度，傳統是用 espresso；若使用方便的三合一咖啡也可以。
3. 隔水加熱是為了將蛋黃殺菌，加熱時要小心，時間太久或持續讓沸水維持煮滾狀態會將

蛋黃煮熟變硬。

4. 植物鮮奶油在要打的時候才從冰箱取出，維持低溫的狀態較容易打發，否則就要隔冰塊水維持低溫打發。打到濃稠的流狀態即是八分發。

5. 可使用的酒類很多種，一般常見的卡魯哇咖啡酒或是萊姆酒、XO 都可以，若是使用 XO 會比較有成熟大人的風味。

給不吃蔥、蒜、蛋的素食朋友：去掉蛋黃和酒的提拉米蘇比較不香，所以可以用少許香草精或香草粉來提香。使用市面上賣的無蛋餅乾或無蛋蛋糕也可以取代手指餅乾，只是口感比較不綿密。

珊瑚草蘋果茶凍（約2～3人份）

材料 Ingredients：
1. 乾珊瑚草 8g，泡開
2. 蘋果汁 300cc
3. 檸檬汁 1 小匙
4. 開水 100cc
5. 果凍粉 12g
6. 砂糖 25g
7. 蜂蜜 1/2 大匙
8. 肉桂粉少許
9. 紅茶茶包 2 包

作法 Methods：
1. 將泡開的珊瑚草剪成小支狀 放入果凍杯中。果凍粉和材料中的開水先混合溶解備用。
2. 將蘋果汁和砂糖加熱到鍋子周圍有小泡泡，維持小火，放入茶包泡一分鐘，讓茶包茶味釋出。接著取出茶包，加入融化果凍粉攪拌至完全溶解後熄火，不要煮到滾。加入檸檬汁和蜂蜜，撒上少許肉桂粉攪拌均勻，接著趁熱倒入裝有珊瑚草的果凍杯中，放涼即可移入冰箱。

小筆記 Notes：
1. 珊瑚草本身有一點腥味，所以做甜點時甜味要重一點才好吃。
2. 乾珊瑚草大約要花上一夜的時間來泡開，因為會漲的很大，所以要用很多水，否則伸出水面的部分就泡不開。

烤椰奶布丁 （約2～3人份）

材料 *Ingredients* ：

1. 椰奶 200cc
2. 鮮奶 100cc
3. 蛋 3 個，打散
4. 砂糖 55g

作法 *Methods*：

1. 蛋汁加入鮮奶、砂糖和椰奶攪拌到糖完全融化，以濾網過濾一次。

2. 將過濾好的蛋汁注入在烤杯中，每一份高度都要相同，以免受熱時間不同。

3. 烤箱預熱至 170 度，找一個外盤裝水，把烤杯放入水中，水大約為杯子的一半高，
   隔水烘烤三十五分鐘後熄火繼續燜十五分鐘。

4. 烤好後放涼即可移入冰箱，冰過後比較好吃。

小筆記 *Notes*：

1. 每種烤箱都不同，這裡的溫度和時間僅為參考用。烤了半小時後就可以開門檢查，用
   長夾子輕輕搖晃烤杯，如果布丁中間仍有液狀的波，四周卻已固定不，就可以關上烤
   箱門再烘烤五分鐘後熄火，用餘熱燜熟布丁，免得加熱過頭讓布丁沸騰而留下氣泡。
   隔水加熱的原因就是要避免蛋汁升溫太快而沸騰。

2. 椰奶布丁香濃的滋味一點都不輸純鮮奶布丁，冰過之後香氣會更加融合。

草莓冰淇淋派（約 3 ～ 4 人份）

材料 *Ingredients*：

1. 消化餅 150g
2. 市售草莓冰淇淋 1 盒
3. 無鹽奶油 50g，融化
4. 新鮮草莓適量

作法 *Methods*：

1. 將消化餅放入一個大塑膠袋裡，紮好袋口，以桿麵棍隔著袋子小心把餅乾壓成粉狀，倒入一個大碗中，把融化的奶油加入攪拌均勻就開始有黏合力。

2. 取一個八吋的派盤，將餅乾粉倒入，用湯匙的背面慢慢把餅乾粉壓實成為派皮，厚度要儘量相似，壓好之後放入冷凍庫定型二十分鐘。

3. 將草莓冰淇淋拿到室溫中放到稍微融化狀，如果天氣太熱融化太快，可移入冷藏慢慢退冰。取出派盤，把融化的草莓冰淇淋倒入派皮中，填滿，之後再冰回冷凍庫，要吃時就可以取出用刀切開，擠上一朵奶油花，放上一粒新鮮草莓即可。

小筆記 *Notes*：

1. 買香草外加草莓醬的草莓冰淇淋，做成派切片之後比較美觀。也可以自行製作，買回純香草冰淇淋之後放到微融階段，再用草莓果醬拌入香草冰淇淋中，要拌成雲彩狀，之後再冰回冷凍庫即可。

2. 以上辦法也可以選用其他口味的果醬，例如：藍莓、桃子、橘子等，就能變化出不同的冰淇淋口味。

3. 除了消化餅外，家裡若有吃不完的餅乾都可以拿來壓粉，但是要注意餅乾本身不要過甜或過鹹，也不要使用有填餡的夾心餅乾。

Dessert Dishes

Dessert Dishes

鬆餅皮水果奶油卷 （約 3 ～ 4 人份）

餅皮材料 *Ingredients*：

1. 市售鬆餅粉半杯，約 90g
2. 中小型的蛋 1 個
3. 鮮奶約 100 ～ 120cc

水果奶油餡材料 *Ingredients*：

1. 低筋麵粉 15g，過篩
2. 玉米粉 15g，過篩
3. 無鹽奶油 10g
4. 蛋黃 2 個
5. 砂糖 20g
6. 鮮奶 150g
7. 植物鮮奶油 50g
8. 當季水果或水果罐頭適量

作法 *Methods*：

1. 蛋黃和糖放入單手柄的湯鍋，均勻打散到糖粒融化，加入植物鮮奶油和麵粉、玉米粉拌勻。另取一鍋倒入鮮奶，以中小火煮滾，馬上倒入先前的蛋黃奶糊中，一邊倒一邊攪拌均勻，此時會成為濃稠狀態。

2. 再開小火,把單手柄鍋離火上幾公分加熱,另一手要不斷攪拌避免底部燒焦,攪拌
   到全體呈濃稠狀之後就可以熄火 放入奶油塊攪拌到融化 蓋上蓋子或保鮮膜放到涼。
3. 將鬆餅麵糊倒在不沾平底鍋中,不必用鍋鏟,用轉的方式就流成圓形狀,因為各家
   鬆餅粉都不相同,所以調太稀就再加粉,太濃不易流就加鮮奶。依此方式將兩面都
   煎成金黃色,厚度不超過 0.5cm 的薄皮放置一旁待用。
4. 將所需的水果都切成小丁。取出一大匙奶油餡鋪在鬆餅皮底部,放上水果丁包捲起
   來即可食用。

小筆記 Notes:
----

1. 鬆餅皮若是煎的太厚或太乾硬都不容易包捲。
2. 奶油餡用的麵粉和玉米粉一定要過篩才不會結塊及不易拌開。
3. 煮奶油餡時非常容易燒焦,最好使用木匙或大湯匙有耐心的攪拌,用單手柄的鍋以離
   小火幾公分遠的方式來控制加熱的溫度和速度,成功率較高。檢驗奶油餡吃起來沒有
   粉粒感就表示熟透了。

   給不吃蔥、蒜、蛋的素食朋友:市售鬆餅粉有的不需要放蛋,而是添加香料取代。可以
                          詳讀包裝上的說明是否可素食。奶油餡中的蛋黃雖是很
                          重要的香味來源,也可以用少許香草粉取代。把所有的
                          粉狀材料和奶類材料混和好,無鹽奶油提高到 20g,以
                          小火小心加熱到呈濃稠狀,而且吃起來無粉粒感即可。

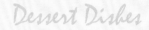

起司水果杯（約2～3人份）

材料 *Ingredients*：

1. 馬士卡邦起司 150g
2. 植物鮮奶油 80g
3. 香草粉約 1/4 小匙
4. 萊姆酒 5cc
5. 砂糖 20g
6. 玉米穀片適量
7. 當季水果切小丁
8. 防潮糖粉適量

作法 Methods：

1. 將植物鮮奶油加糖攪拌到糖融化，拌入馬士卡邦起司和香草粉，加入萊姆酒拌勻。
2. 取一點心杯，最底下放上一層水果丁，撒上少許脆玉米穀片，倒入起司醬，再鋪上水果丁，重複二次，最後撒上少許脆玉米穀片與防潮糖粉即可。

小筆記 *Notes*：

1. 起司醬不要太厚，否則口感易膩。
2. 做好要馬上吃，否則水果會慢慢出水而讓整體感覺濕濕爛爛。

   給不吃蔥、蒜、蛋的素食朋友：直接去掉萊姆酒即可。

國家圖書館出版品預行編目資料

大家都愛的蔬食料理 / 王舒俞著.
-- 初版. -- 新北市：養沛文化，2013.01
　面；　公分. -- (自然食趣；11)
　ISBN 978-986-6247-63-7 (平裝)
　1.素食 2.食譜

427.31　　　　　　　　　　96002089

【自然食趣】11

大家都愛的蔬食料理

作　　　者／王舒俞
總　編　輯／蔡麗玲
編　　　輯／林昱彤・蔡毓玲・劉蕙寧・詹凱雲・李盈儀・黃璟安
執行美術／鯨魚工作室
美術編輯／陳麗娜・徐碧霞・周盈汝
出　版　者／養沛文化館
發　行　者／雅書堂文化事業有限公司
郵政劃撥帳號／18225950
地　　　址／新北市板橋區板新路206號3樓
電　　　話／(02)8952-4078
傳　　　真／(02)8952-4084
網　　　址／www.elegantbooks.com.tw
電子郵件／elegant.books@msa.hinet.net

總經銷／朝日文化事業有限公司
進退貨地址／235新北市中和區橋安街15巷1號7樓
電話／Tel：02-2249-7714　傳真／Fax：02-2249-8715
2013年1月初版一刷　定價／240元

星馬地區總代理：諾文文化事業私人有限公司
新加坡／Novum Organum Publishing House (Pte) Ltd.
20 Old Toh Tuck Road, Singapore 597655. TEL：65-6462-6141 FAX：65-6469-4043
馬來西亞／Novum Organum Publishing House (M) Sdn. Bhd.
No. 8, Jalan 7/118B, Desa Tun Razak,56000 Kuala Lumpur, Malaysia
TEL：603-9179-6333 FAX：603-9179-6060

養沛文化館

Elegantbooks
以閱讀，享受健康生活

SMART LIVING 養身健康觀37

學會呼吸，活到天年

作者：養沛文化編輯部
定價：240元

規格：17×23 cm・160頁・彩色

當壓力、生活習慣帶給人們越來越多的焦慮、壓力、循環不暢……等疾病症狀，使人們的呼吸越來越快速且淺薄。這都是自律神經失調的緣故。當自律神經失調，則會引發焦慮、恐慌等各種身體毛病。而呼吸能調節自律神經，讓身體自癒。本書全圖解深呼吸自然養生法，讓身體好放鬆！

SMART LIVING 養身健康觀38

完全圖解・奇效足部按摩

作者：李宏義
定價：360元

規格：21×26cm・160頁・彩色

以按摩手法刺激反射區，讓血液回流心臟，調節身體平衡，恢復器官正常功能，調節體內五臟六腑、疏通經脈、行氣活血。本書以反射區全圖解示範，不用記位置、不用背穴道，只要在身體關鍵處，壓一壓、按一按、刮一刮即可啟動身體自癒力，輕鬆消除身體疾病，讓身體進行修復工程，真神奇。

SMART LIVING 養身健康觀39

女人都該懂的荷爾蒙青春術

作者：劉姍
定價：250元

規格：17×23cm・208頁・套色

女性的月經是否規律，皮膚是否光滑，身材是否圓潤，代謝是否正常，都與激素息息相關。若在青春期、成熟期、更年期的女性三春，荷爾蒙調養得當，則可以窈窕、年輕、美麗，是最好的抗老藥。因此掌握青春不老的祕密關鍵就在平衡身體激素，讓荷爾蒙維持平衡，才能永保青春與美麗。

SMART LIVING 養身健康觀33

給大忙人的芳香療法

作者：朱俐陵・王人仁
定價：350元

規格：17×23 cm・256頁・彩色

本書以化繁為簡、深入淺出的説法，帶你認識芳香療法的基礎知識；以最專業的角度，讓你不用上學堂也能認識居家常用30種精油植物；以常見居家30餘種病症，對症給予輔助改善，讓你在家也能舒服過。放輕鬆，大忙人也可以做個最健康的人。

SMART LIVING 養身健康觀34

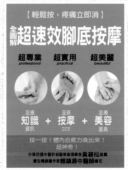

全圖解超速效腳底按摩

作者：養沛文化編輯部
定價：250元

規格：17×23 cm・154頁・彩色

人體器官各部位在足部都有反射區，以按摩手法刺激反射區，透過血液循環、神經傳導，能調節機能平衡、恢復器官正常功能。只有對足部進行按摩，活絡血液，讓血液回流，才可以強身健體，收到祛病健身之效，如此一來便可達到紓經活絡、鬆弛全身之目的。

SMART LIVING 養身健康觀35

蜂膠的驚奇療效

作者：石塚忠生
定價：299元

17×21cm・304頁・雙色

平時我們服用化學合成藥物對人體會產生排斥反應，但蜂膠對於難以治療的疾病，可產生出乎意外的良好效果，不僅能輔助治療，病患也可實際感覺到情況好轉。本書作者聯合了日本最知名的74位名醫，針對患者使用蜂膠的過程及藥效提出意見，開啟自然療法的新時代。

SMART LIVING 養身健康觀44

人體排汗排毒手冊

作者：張媛媛
定價：280元

規格：17×23 cm・224頁・套色+彩色

流汗排毒對於排出那些附著在皮膚表層的毒素格外直接、有效，它可及時阻止此類毒素透過血液循環遍布全身，給身體帶來更大的傷害，這是其他排毒方法無法做到的。能提高人體免疫力、預防心腦血管疾病、維持機體內部的酸鹼平衡，避免毒素廢物積淤體內，形成不良的循環，且釋放人體過多的壓力，維持身心的平衡。

SMART LIVING 養身健康觀45

自然養生，提升免疫力

作者：養沛文化編輯部
定價：240元

規格：17×23 cm・160頁・彩色

免疫系統是生物體內一個能辨識出「非自體物質」（通常是外來的病菌）、從而將之消滅或排除的整體工程之統稱。免疫失常會導致疾病的發生。本書從免疫力的原理帶你認識自體的疾病從何而來，並以自然、不吃藥的養生的立場，帶你從飲食、睡眠及自然療法平衡身體免疫力；維持酸鹼平衡、淨化排毒體內積淤廢物，讓疾病通通遠離，身體健康不生病。

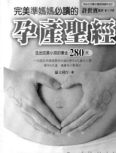

SMART LIVING 養身健康觀46

完美準媽媽必讀的孕產聖經

作者：磊立同行
定價：280元

規格：17×23 cm・224頁・彩色

每個準媽媽在準備懷孕的那一刹那，即是一個驚喜的開始，為了這即將誕生的寶寶，準媽媽需要在生理、心理、環境等各項準備周全，才能在這懷孕的九個月中，順利生產。本書以人母、專家的經驗告訴你，準媽媽應該知道的懷孕&生產大小事。一次搞定準媽媽該知道的懷孕&生產大小事，萬事有子真滿足。

SMART LIVING 養身健康觀47

好好睡，健康活到老

作者：王自立
定價：240元

頁數：17×23cm・208頁・套色

本書集結以醫學及科學的角度，教你高效睡眠法，如舒服的睡姿、精確的生物時鐘、緩解睡眠的情緒、提高工作效率的午睡法等。並且以運動、泡澡、冥想、按摩、薰香、音樂、催眠等方法緩解你的焦慮，協助你安心入眠。書末以簡易打造居家睡眠環境的方法及飲食讓你能一夜入眠。

SMART LIVING 養身健康觀40

能量靜坐

作者：養沛文化編輯部
定價：250元

規格：17×23cm・144頁・彩色

醫學研究證實靜坐可以重新抵抗壓力，恢復精神，延緩高血壓、心臟病、偏頭痛、慢性疼痛、更年期不適、預防癌症等疾病。每天三十分鐘能量靜坐，能影響腦部活動，尤其大腦邊緣神經系統，新陳代謝、血壓、呼吸和心跳速率也隨之放慢，透過身體深層的活動，啟發自癒力，幫助現代人重建身、心、靈的統合。

SMART LIVING 養身健康觀41

養腦飲食書

作者：養沛文化編輯部
定價：250元

規格：17×23cm・160頁・彩色

人體的腦部是可以藉由食物營養而改變的，透過健康均衡的飲食，可以改變我們的大腦與身體，讓頭腦保持靈活，心情更加愉快，人自然變得積極有活力。主宰自己的大腦，只要有效控制身體生理指數、調節心理狀態，你就可以確實降低、延緩腦退化疾病發生的風險，吃出優質活力腦。

SMART LIVING 養身健康觀42

老祖宗教你的自然養生方

作者：張妍
定價：240元

規格：17×23cm・256頁・套色

諺語是老祖宗代代流傳的語言，將日常生活中很重要的養生智慧，經過反覆的嘗試驗證，得到經驗、規律、教訓，而衍生出非常實用的健康知識，長期以來成為人們認識生活的指針，對時代社會有著重要的影響。依著老祖宗生順天應人的自然觀，讓你與自然協調，使身體擁有自在運行的規律，自然的養生。

SMART LIVING 養身健康觀43

全圖解奇效手部按摩

作者：季秦安
定價：250元 定價：300元

規格：17×23 cm・272頁・套色+彩

根據中醫的整體學說和生物全息律學說，臟腑、組織、器官等的生理功能變化都能反應到手部。經常按摩手部反射區，能調節全身機能，促進血液循環，保持大腦智力，延緩衰老，預防三高疾病，維護消化系統暢通。

Fruit and vegetables dishes

in comfortable

Fruit and vegetables dishes

in comfortable

Fruit and vegetables dishes

in comfortable

Fruit and vegetables dishes

in comfortable